Schneeglöckchen

Das zeitig im Jahr blühende Schneeglöckchen dient als Symbol des wiederkehrenden Lebens im Frühling. Der hohe Giftanteil, vor allem in den Zwiebeln, schützt vor Fressfeinden, wie zum Beispiel Wühlmäusen.

Schöllkraut

Bei Verletzung des Schöllkrautes tritt ein orange-gelber Milchsaft aus, der als Mittel gegen Warzen gilt. Neuere Untersuchungen ordnen das ehemals als stark giftig geltende Schöllkraut nur noch als giftig bis schwach giftig ein!

Stechpalme

Die Stechpalme ist eine geschützte Art, die häufig als Zierpflanze in Gärten, Parks und auf Friedhöfen zu finden ist. Der sehr herbe Geschmack der roten, erbsengroßen Steinfrüchte hält vom Verzehr größerer Mengen ab.

Vielblättrige Lupine

Im Gegensatz zu den essbaren, einjährigen Süßlupinen ist die giftige Vielblättrige Lupine eine Staude. Sie weist gefingerte Blätter, 50 bis 80 cm lange, meist blaue Blütenstände und 6 cm lange behaarte Hülsen auf.

Wilde Tulpe

Alle Tulpen, vor allem deren Zwiebeln, beinhalten giftige Inhaltsstoffe. In Haushalten mit Kleinkindern ist Vorsicht geboten, da auch das Tulpenwasser in Vasen giftig ist und sich mitunter Tulpenzwiebeln in der Tischdeko befinden.

Zwerg-Holunder

Im Gegensatz zum Schwarzen Holunder weist der Zwerg-Holunder keine verholzten Triebe auf. Die Blüten und Früchte der Staude stehen aufrecht; die Staubgefäße sind violett. Selbst nach dem Abkochen sind die Früchte noch giftig!

Schwarzer Nachtschatten

Die Aussagen über die Giftigkeit dieser Pflanze sind widersprüchlich! Die erbsengroßen Früchte sind zuerst grün, im voll ausgereiften Zustand schwarz. Das grünlich bleibende Fruchtfleisch ist schleimig und schmeckt süß.

Vogelkirsche

Die Samen aller Arten der Pflanzengattung *Prunus* enthalten Giftstoffe, die im Körper Blausäure freisetzen. Sie sind jedoch von harten Steinkernen ummantelt, die nicht leicht zu knacken sind. Das Fruchtfleisch ist unbedenklich essbar.

Waldmeister

Um eine Überdosierung mit dem Kopfschmerzen verursachenden Inhaltsstoff Cumarin zu vermeiden, werden zur Herstellung von Waldmeistergetränken oder -gelee pro Liter Flüssigkeit nicht mehr als 13 Stängel zum Aromatisieren empfohlen!

Wald-Sauerklee

Die kleeartigen, schmackhaften Blätter beinhalten viel Vitamin C. Wegen der schwach giftigen Oxalsäure sollten sie nicht regelmäßig in größeren Mengen gegessen werden! Durch Erhitzen wird ein Teil der Giftstoffe zerstört.

Wermut

Die stark aromatische, herb-bittere Gewürz- und Heilpflanze ist schon lange bekannt. Sie enthält in allen Teilen ätherisches Öl mit dem giftigen Bestandteil Thujon. Im Übermaß genossen, kann der Konsum schädlich sein.

Wiesen-Sauerampfer

Die Pflanze enthält die schwach giftige Oxalsäure. Auch Kinder sollten wissen, dass der Verzehr der schmackhaften, säuerlichen Blätter in größeren Mengen schädlich sein kann! Durch Erhitzen wird ein Teil der Giftstoffe zerstört.

Adlerfarn

Viele unserer heimischen Farnarten können leicht miteinander verwechselt werden. Der Adlerfarn ist aufgrund seiner Größe und der Struktur seiner Wedel relativ gut zu bestimmen. Die meisten Farnarten gelten als mehr oder weniger giftig!

Besenginster

Der bis zu 2 m hohe Strauch mit seinen fünfkantigen grünen Ruten und den kleinen, dreiteiligen Blättern bildet Früchte aus, die Bohnen- und Erbsenschoten ähneln. Der stark bittere Geschmack hält vom Verzehr größerer Mengen ab.

Faulbaum

Bedingt durch die lange Blütezeit sind häufig Blüten, unreife grüne und rote sowie letztendlich die reifen schwarzen Früchte gleichzeitig am Strauch zu entdecken. Die verletzte Borke riecht faulig, die Früchte schmecken widerlich bitter.

Jacobs-Greiskraut

Alle Arten der Gattung Greiskräuter enthalten Pyrrolizidin-Alkaloide, die bei Einnahme größerer Mengen oder über einen längeren Zeitraum leberschädigend wirken und Krebs auslösen. Berührung kann zu Kontaktallergien führen.

Kreuzdorn

Die Zweige des sparrigen Gehölzes laufen meist in Dornspitzen aus. Die erbsengroßen Steinfrüchte sind zunächst grün, dann rot und färben sich zur Fruchtreife hin schwarz. Sie schmecken süßlich mit widerlich bitterem Nachgeschmack.

Märzenbecher

Der als Wildpflanze unter Schutz stehende Märzenbecher ist seit dem Mittelalter als Gartenzierpflanze beliebt. Vor allem die Zwiebeln enthalten giftige Alkaloide und sollten im Garten nicht mit Gemüsezwiebeln verwechselt werden!

Heimische Giftpflanzen

im Vergleich

QUELLE & MEYER
BESTIMMUNGSKARTEN

Stark

Bittersüßer Nachtschatten
Blüten, unreife und reife Früchte sind häufig gleichzeitig zu entdecken. Der Giftanteil ist in den unreifen grünen Beeren am höchsten. Die roten reifen Beeren sind nur gering giftig; sie schmecken erst bitter, dann süß.

Eibe
Das immergrüne heimische Nadelgehölz ist ein beliebtes Ziergehölz. Die Zweige werden zur Herstellung von Kränzen und Gestecken verwendet. Mit Ausnahme des roten Samenmantels weisen alle Pflanzenteile ein stark giftiges Alkaloid auf.

Eisenhut
Die giftigste heimische Pflanze ist der Blaue Eisenhut. Die Griechen nannten die Pflanze „Königin der Gifte". Das auch als Gartenpflanze beliebte Hahnenfußgewächs beinhaltet das Alkaloid Aconitin, eines der stärksten bekannten Pflanzengifte.

Gefleckter Aronstab
Nicht jedes Blatt des Gefleckten Aronstabs weist Flecken auf, was schon zu Verwechslungen mit dem an gleichen Standorten auftretenden, essbaren Bärlauch geführt hat. Besonders giftig sind die ab Juli erscheinenden knallroten Beeren.

Gefleckter Schierling
Die Bestimmung der zahlreichen heimischen Arten der Familie der Doldenblütler erfordert gute Kenntnis und Literatur. Viele Arten sind giftig und leicht zu verwechseln. Der Gefleckte Schierling ist einer der giftigsten Vertreter.

Herbstzeitlose
Wie Krokusse sehen die im Herbst erscheinenden Blüten aus. Die sich im folgenden Frühjahr entwickelnden Blätter sind zu mehreren umeinandergewickelt, im Gegensatz zu den einzeln aus dem Boden sprießenden Blättern des essbaren Bärlauchs.

Mistel
Da Mistelzweige traditionsgemäß ins Haus geholt werden, sind Kleinkinder besonders gefährdet. Bei Verzehr können die zwar ungiftigen, aber klebrigen Scheinbeeren im Rachen hängen bleiben. Alle anderen Pflanzenteile sind giftig!

Rot-Buche
Die rohen Bucheckern beinhalten schwach giftige Inhaltsstoffe. Kinder sollten davon keine oder nur sehr wenige essen, Erwachsene nicht mehr als 50 Stück! Durch Erhitzen und Rösten der Bucheckern werden die Giftstoffe zerstört.

Rote Heckenkirsche
Die roten Beeren ähneln Johannisbeeren. Meist sitzen sie paarweise miteinander verwachsen an einem Stiel. Ihre Giftigkeit wird unterschiedlich bewertet. Die Bitterkeit hält vom Verzehr größerer Mengen meist ab.

Roter Holunder
Die giftigen Inhaltsstoffe in den Samen der roten Früchte können nicht wie beim verwandten Schwarzen Holunder durch Erhitzen unschädlich gemacht werden! Essbar und verträglich ist also nur das Fruchtfleisch ohne Kern!

Scharbockskraut
Die leicht scharf und etwas säuerlich schmeckenden Blätter beinhalten viel Vitamin C und können zeitig im Frühjahr geerntet und verzehrt werden. Sobald die Blüten erscheinen, entwickelt die Pflanze jedoch das giftige Protoanemonin.

Schwarzer Holunder
Ess- und trinkbare Produkte des Schwarzen Holunders sind weithin bekannt. Der Verzehr der rohen Holunderbeeren kann zu gesundheitlichen Beschwerden führen, weshalb die herb-bitteren Früchte vor dem Verzehr erhitzt werden müssen.

giftig

Maiglöckchen

Das Maiglöckchen wächst vielerorts am selben Standort wie der essbare Bärlauch. Im Gegensatz zu den meist zu zweit erscheinenden, langscheidigen Blättern des Maiglöckchens sprießen die Blätter des Bärlauchs einzeln aus dem Boden.

Pfaffenhütchen

Die ab August erscheinenden dekorativen Früchte des Pfaffenhütchens an den mit Korkleisten versehenen Zweigen werden zuweilen als Zimmerschmuck verwendet. Das kann vor allem für Kleinkinder eine Gefahr darstellen.

Riesen-Bärenklau

Der aus dem Kaukasus stammende Riesen-Bärenklau breitet sich zunehmend aus. Photosensibilisierende Inhaltsstoffe können bei Berührung zu gefährlichen Hautveränderungen führen, die sich bei Sonneneinstrahlung noch verstärken.

Rotbeerige Zaunrübe

Im unreifen Zustand sehen die grünen Beeren der Kletterstaude wie Erbsen aus; erst im voll ausgereiften Zustand werden sie rot. Der Geschmack der Beeren ist schleimig-scharf, was einem Verzehr größerer Mengen eher abträglich ist.

Roter Fingerhut

Anfang des 16. Jahrhunderts schrieb Paracelsus: „All Ding' sind Gift und nichts ohn' Gift; allein die Dosis macht, das ein Ding kein Gift ist." In kleinen Dosen wird der Fingerhut heute noch als herzwirksames Notfallmittel eingesetzt.

Tollkirsche

Die Verwendung als Mittel zur Erweiterung der Pupillen vermachte der Pflanze den Namen „Belladonna" (ital.: belladonna = schöne Frau). Verzehr der schwarzen Beeren führt jedoch schon in geringer Dosis zu schwersten Symptomen bis hin zum Tod.

Schwac

Efeu

Sowohl die Blätter als auch die Fruchtstände des giftigen Efeus werden häufig in Tischdekorationen eingearbeitet. Hier ist Vorsicht geboten, wenn Kleinkinder damit in Kontakt kommen, vor allem mit den schwarzen Beeren!

Felsenbirne

Die Samen der schmackhaften Apfelfrüchte enthalten geringe Mengen an Giftstoffen, die im Körper Blausäure abspalten. Größere Mengen an Früchten sollten roh nicht verzehrt werden; erhitzt lassen sich daraus Marmeladen und Gelees herstellen.

Gewöhnliche Berberitze

Außer in den voll ausgereiften Beeren des heimischen Gehölzes kommen in allen Teilen der Pflanze schwach giftige Inhaltsstoffe vor. Als sogenannte „Essigbeere" diente der saure Saft früher armen Leuten als Essigersatz.

Gewöhnlicher Schneeball

Über die Giftigkeit der säuerlich-bitteren Steinfrüchte gibt es unterschiedliche Angaben. Nach neuesten Erkenntnissen sollen voll ausgereifte Früchte nicht nur gekocht, sondern auch roh in kleinen Mengen verträglich sein.

Huflattich

In zahlreichen Quellen, die sich mit Wildpflanzen in der Küche oder der Nutzung selbstgesammelter Heilpflanzen befassen, wird nicht auf die leberschädigende Wirkung der Pyrrolizidin-Alkaloide im Huflattich hingewiesen!

Liguster

Vor allem die beerenartigen schwarzen Steinfrüchte weisen schwach giftige Inhaltsstoffe auf, welche bei Verzehr zu Beschwerden führen können. Kontakt mit der Pflanze löst bei empfindlichen Menschen Hautentzündungen aus.

Beifuß

Der im 18. Jahrhundert als Universalgewürz beliebt gewesene Beifuß ist heute nur noch zum Würzen von Gänsebraten und einigen Grillgerichten bekannt. In sehr hoher Dosis und auf Dauer eingenommen ist das herb-bittere Kraut schädlich.

Beinwell

Die Art weist Pyrrolizidin-Alkaloide auf, die bei Aufnahme größerer Mengen und / oder über längere Zeit eingenommen leberschädigend und krebserregend wirken. Darauf wird in vielen Wildpflanzen-Kochbüchern nicht hingewiesen.

Blutroter Hartriegel

Die rohen, bitteren Steinfrüchte sind ungiftig, ungenießbar und unbekömmlich. Ein Verzehr der rohen Früchte kann vor allem bei Kindern Magen-Darmreizungen und Erbrechen auslösen. Gekocht sind die Früchte essbar.

Brennnessel

Allseits bekannt ist, dass bei Kontakt mit der frischen Brennnessel der Saft der Brennhaare je nach Empfindlichkeit der Person mehr oder weniger heftige Reaktionen mit roten Pusteln auf der Haut auslösen kann.

Eberesche

Die frischen Apfelfrüchte enthalten die für Menschen unbekömmliche Parasorbinsäure, die jedoch durch Frosteinwirkung und Erhitzen weitgehend zerstört wird. Aus den bitterherben Früchten lässt sich Marmelade, Gelee und Likör herstellen.

Echtes Johanniskraut

Das vor allem als Heilpflanze geschätzte Kraut weist in allen Pflanzenteilen das schwach giftige Hypericin auf, welches bei Aufnahme zu einer erhöhten Lichtempfindlichkeit der Haut und somit zu Hautveränderungen führen kann.

Schätzungen gehen davon aus, dass etwa ein Drittel der Pflanzenarten unserer gesamten Flora Giftstoffe enthalten. Es gibt also weit mehr Giftpflanzen in unserer heimischen Vegetation, als auf dieser Bestimmungskarte aufgeführt sind. Giftige Inhaltsstoffe dienen den Pflanzen zur Abwehr von Bakterien, Viren und Pilzen; sie werden gegen Fressfeinde eingesetzt.
Für den Menschen können Pflanzengifte zu gesundheitlichen Beeinträchtigungen oder Schäden, mitunter zum Tod, führen. Dosis, physikalische und / oder chemische Eigenschaften der Giftstoffe sowie die Art der Aufnahme durch den Organismus beeinflussen den Grad der Vergiftung. Auch die körperliche Verfassung des Betroffenen spielt eine große Rolle. Bei gesunden Menschen wirken die Giftstoffe anders als bei Menschen, die durch Krankheit geschwächt sind. Kinder und alte Menschen sind besonders gefährdet. Der Grad der Giftigkeit lässt sich daher nicht anhand von exakten Zahlen oder Statistiken ermitteln. Die Einteilung in die häufig vorgenommenen Kategorien von „stark giftig", „giftig" bis „schwach giftig" ist daher fließend.
Bei der Auswahl der hier aufgeführten 48 Giftpflanzen wurden auch andere Kriterien berücksichtigt. Besonderes Augenmerk wird zum Beispiel auf Pflanzenarten gelegt, die Beeren oder beerenähnliche Früchte tragen, da sie besonders leicht mit essbaren, ungiftigen Früchten verwechselt werden können. Häufig auftretende Giftpflanzen werden selten vorkommenden vorgezogen. Auf Giftpflanzen, die zur Dekoration ins Haus getragen werden, wird hinsichtlich der Gefahr für Kleinkinder aufmerksam gemacht.
Die große Gruppe der schwierig und nicht durch ein einziges Foto zu bestimmenden Doldengewächse wird hier nur durch den Gefleckten Schierling und den Riesen-Bärenklau vertreten. Für viele unserer heimischen Giftpflanzen ist eine Feinbestimmung notwendig, wozu weitergehende Bestimmungsliteratur zu Rate gezogen werden sollte.
Diese Bestimmungskarte ist als Einstieg in die Welt der Giftpflanzen anzusehen!

Bildnachweis:
Alle Bilder stammen von Gisela Tubes.

Projektberatung und Zusammenstellung:
Gisela Tubes

Weiterführende Literatur:
Tubes: Die giftigen Pflanzen Deutschlands
(ISBN 978-3-494-02270-3)
Düll/Kutzelnigg: Die Wild- und Nutzpflanzen Deutschlands
(ISBN 978-3-494-01825-6)

ISBN 978-3-494-02267-3
Best.-Nr.: 4942267
www.quelle-meyer.de

9 783494 022673

QUELLE & MEYER
BESTIMMUNGSKARTEN